AF311132

PROGRAMME

Par lequel on propose aux Savans de toutes les Nations de résoudre le Problême suivant:

PROBLÈME.

„ Trouver pour toutes les espèces possibles d'écrits (par
„ lesquels on peut transférer, à telles conditions qui peuvent
„ passer par l'esprit humain, sa propriété (que je prends dans
„ le sens le plus étendu de ce terme),) des Formulaires
„ construits de manière, qu'il suffise, pour exprimer chaque
„ cas particulier possible, de remplir les espaces vides du
„ Formulaire, de nombres & de noms propres de personnes
„ ou de choses) des Formulaires, dont les expressions tant
„ variables qu'invariables, (§. 12.) c'est-à-dire tout l'énoncé,
„ soit aussi peu susceptible de doutes & d'interprétations
„ que la Géométrie.

L'Académie des Sciences de Paris, la Société Royale
d'Edimbourg & une Académie ou Société savante d'Allemagne,
que l'Auteur se réserve de nommer, jugeront selon des régles
établies dans ce Programme, les Ecrits qui concourront pour
les Prix.

Le Prix principal est de mille Ducats Impériaux, le second Prix de cinq cents.

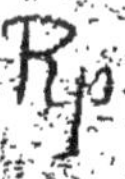

M. D. C. C. LXXXV.

NOTE : Ceux qui travailleront à la folution de ce Problême, fe trouvant inftruits par cet Ecrit, 1°. que l'Académie des Sciences de Paris & la Société Royale d'Edimbourg examineront & jugeront leurs ouvrages, 2°. à qui & de quelle manière ils doivent envoyer ces ouvrages (§. 31.) il doit leur être indifférent de favoir quelle Société favante d'Allemagne concourra à les juger.

ERRATA.

(Note f.) ligne 4. *eft* lifez *font*, même ligne, *habile* lifez *habiles*.

(§. XVII.). ligne 9. *foient* lifez *foit*, même ligne *fufceptibles* lifez *fufceptible*.

(Note k.) ligne derniere, *as* lifez *pas*.

(Note p.) page 15. ligne 15. *s'éloigne* lifez *s'éloignent*, même ligne *fe trouve* lifez *font*.

Ce Programme fe trouve,

Chez les Libraires fuivans :

A Paris, chez MERIGOT, le jeune.

A Lille, chez J. J. JACQUEZ.

A Mons, chez BOCQUET.

A Gand, chez BEGGYN.

A Anvers, chez GRANGÉ.

A Louvain, chez JACOBS.

A Malines, chez HANICQ.

A Bruxelles, chez J. VANDEN BERGHEN.

PRÉFACE.

J'Ai fait ce Programme d'abord en Allemand, & l'ai publié à Vienne le 24 Décembre 1784 : je l'ai fait traduire enfuite en Latin & publier à Vienne, en Angleterre & en Italie. Je l'ai refait à préfent moi-même en François, & j'ai ajouté à cette Edition quelques notes, quelques éclairciffemens que je crois utiles; j'ai énoncé quelques Paragraphes, fur-tout le (§. 24.) tout autrement qu'il n'eft en Allemand & en Latin : car quoique je prêche la clarté, je me fuis apperçu que de la manière qu'il étoit dit, des cas, à la vérité peu probables mais poffibles, ne s'y trouvoient point prévus. Je l'euffe corrigé avec le même plaifir quand même tout autre que moi, m'en eut fait la remarque.

Sur ce même principe loin de défirer que des écrits, qui ont parus ou pourroient paroître encore contre mon Programme, reftent ignorés, perfonne ne défire plus que moi de les voir entre les mains de tout le monde; car s'ils contiennent des objections folides, ils éclairciront la matière, & c'eft ce que je demande : ne renferment-ils au contraire que des platitudes, le moyen le plus fûr d'en punir les Auteurs, eft encore de rendre leurs productions publiques.

Voici les titres de deux brochures qui ont parues à Vienne contre mon Programme. (*)

(*) Verfuch Beft moeglichfter Mittel die Recht ftreite Zu vermindern , die uns zum Ent- zwek näher, und ficherer leiten, als die, welche in der dies fälligen Preisaufgabe angezeigt worden.	Matematifcher Entwurf Zur Errichtung Eines fünften welttheiles Genannt Das land der freiheit
Von Johan Sager K. K. Schloshauptmann Wien bei Sebaftian Hartl, Buchhändler in der Singerftraffe 1785.	Herausgegeben Von der fpeculation zum Toleranz- fiftem. 1785.

PRÉFACE.

Si je ne me fuis pas nommé en propofant les prix dont il s'agit dans ce Programme, ce n'eft certainement pas que j'aie cru, que, comme Auteur de cet écrit, je duffe craindre le grand jour: il ne s'y trouve pas une phrafe, pas un mot, dont je ne fois prêt de répondre à la face de l'univers : c'eft comme Auteur des prix que j'aurois préféré de ne pas être connu, non que je tienne moins à l'eftime publique meritée qu'un autre, mais parce qu'il m'a paru que fous ce feul point de vue, je ne méritois, ni les éloges que quelques perfonnes pourroient être tentées de me donner, ni le blâme & le ridicule dont je prévoyois qu'un très-grand nombre d'autres chercheroient à me charger.

Cependant quoique j'euffe préféré de ne pas être nommé publiquement, je n'ai pas cru non plus devoir faire un myf-tère, que j'étois l'Auteur de cet écrit; j'en ai fait l'aveu à ceux qui me l'ont demandés, je me fuis nommé aux Académies jugeantes & tout le monde le fait aujourd'hui fi bien, que je ne ferois pas de difficulté d'écrire moi-même mon nom en grand caractère au bas de cette page, fi la réfléxion, que cela pourroit, peut-être, m'attirer une foule de lettres auxquelles probablement je ne repondrois pas, ne m'en empêchoit.

INTRODUCTION.

§. I.

CELUI qui trouveroit un moyen de diminuer les Procès, sans mettre des entraves à la liberté humaine, rendroit certainement un grand service à la société.

Je dis, sans mettre des entraves à la liberté; car sans elle il n'y a pas de bonheur dans ce monde. Le bonheur extérieur, le bonheur politique, le seul, en faveur duquel l'homme peut être censé avoir formé le contrat social, ne réside que dans la liberté, la sécurité des personnes & la sûreté des propriétés. (a)

Ne pas enseigner aux hommes cette vérité, c'est les tromper : former des plans d'administration qui ne tendent pas à leur procurer ces avantages, c'est abuser du pouvoir : & faire l'apologie de tels plans, quelques brillans qu'ils soient, c'est se faire l'apologiste du despotisme. (b)

(a) Qu'on ne me fasse pas dire des choses que je suis fort éloigné de penser. Il ne faut certainement pas laisser faire à chacun ce qu'il veut : ne pas circonscrire certaines volontés, seroit s'écarter de mes principes au lieu de les suivre; mais il n'en est pas moins vrai, que la plus grande liberté possible de chaque individu est le but de l'état civil, auquel les hommes ne peuvent être réputés avoir consenti, que pour se mettre à l'abri de la force. Les loix sont des limitations de notre liberté naturelle; mais elles ne sont pas des limitations de nos droits : elles ne sont, ou du moins ne devroient être, que les résultats du conflit, qui naît des droits naturels de tous les individus entre-eux, & de tous envers chacun.

Tout ce qui est en législation en deçà de ce terme, est contraire à la sécurité; tout ce qui est au-delà, est contraire à la liberté.

(b) La plûpart des hommes ont une fausse idée du despotisme : ils ne le voient que dans les païs où un seul se met au-dessus des loix; cependant il peut régner sous la forme aristocratique & sous la démocratique, comme sous la monarchique; dans tout pays 1°. où il existe des hommes qui ne sont pas sous le pouvoir des loix; 2°. par-tout où les loix ne sont pas assez claires pour se passer d'interprétation (où les hommes par conséquent peuvent impunément les retourner à leur fantaisie) il n'y a pas de liberté; 3°. les loix, quelque soit la forme du gouvernement, peuvent elles-mêmes être despotiques, lorsqu'elles frappent sur des objets qui sont hors des limites de leur empire.

A

§. II.

Ce n'eft pas fur la population des états, leur fplendeur, ou la force de leurs armées, que l'homme fenfé calcule l'eftime qu'il accorde à leur adminiftration ; mais fur le dégré de liberté & de fécurité des perfonnes & des propriétés qu'il y apperçoit, (c) Qu'eft-ce en effet que la gloire d'une nation & fa force répulfive, fi les individus qui la compofent ne font pas heureux ? (d)

La perfection des loix confifte à allier tellement la liberté avec la fécurité des perfonnes & des propriétés, que chaque citoyen jouiffe de chacune de ces trois chofes au plus haut dégré poffible. Il ne faut donc pas facrifier l'une des trois aux autres ; & celui, par exemple, qui fongéroit à priver les hommes de la faculté de faire des teftamens, parceque les teftamens font en effet une des plus grandes fources de difputes, prouveroit par-là, qu'il connoît peu les droits de l'homme & encore moins fes penchans.

§. III.

Mais eft-il poffible de diminuer les Procès, fans reftreindre notre liberté ? pourquoi non ? au moins vaut-il la peine de s'occuper de la folution d'une telle queftion, plus importante que bien de celles que l'on difcute de nos jours.

§. IV.

Tous les Procès poffibles peuvent être réduits à trois claffes :

(c) La vigilance à prévenir & à repouffer les attaques du dehors, eft entre les devoirs du Prince, ce que la dévotion eft entre les devoirs du chrétien. Le but de la religion c'eft la vertu : la dévotion n'eft qu'un moyen de nous maintenir dans le fentier de celle-ci ; mais de tout tems on a facrifié le but aux moyens.

(d) Les hommes peuvent-ils être rendus par les loix plus heureux ou plus malheureux qu'ils ne font ? cette queftion eft la bâfe de toute la morale. Croire qu'une plus grande maffe de biens ou de maux eft indépendante des loix, eft de toutes les opinions poffibles la plus anti-fociale. Si le bonheur des hommes étoit indépendant des loix, & par conféquent de nos actions, à quoi bon nos veilles & nos foins ? nous ferions tout auffi bien de refter les bras croifés, & vous auffi Meffieurs les Miniftres ! car fi tout ne pouvoit pas aller mieux, il eft apparent, que même fans vous, tout n'iroit pas plus mal.

(3)

l'on dispute 1°. sur le droit, ou 2°. sur le fait, ou 3°. sur les mots.
Dispute-t-on, si un testament olographe est valide dans tel païs,
c'est une question de droit ; demande-t-on, si Pierre est ou n'est pas
fils de Paul, c'est une question de fait ; enfin est-il question de juger
comment un écrit quelconque doit être entendu ; alors c'est une
dispute de mots. On peut sans doute dans un même Procès disputer
& sur le droit & sur le fait & sur les mots ; d'un autre côté toute
question de droit n'est jamais autre chose, en elle-même qu'une question de fait, ou une dispute de mots ; car on en revient toujours à
demander si une telle loi existe, ou bien comment elle doit être
interprêtée : en attendant, ma classification n'en est pas moins bonne
pour répandre de la clarté sur ce que je vais dire.

§. V.

Une sage législation peut diminuer les Procès de la première &
de la seconde classe : plus les loix seront simples & claires, moins
il y aura de disputes sur le droit : plus les solemnités requises par
les loix, pour donner de la validité aux actes passés entre particuliers, seront déterminées avec prudence, moins il y aura de disputes
sur le fait. (e)

(e) Les questions sur le fait sont les seules qu'il est impossible de prévenir tota-
lement ; car tant qu'il y aura de la mauvaise foi parmi les hommes, on disputera
sur le fait. S'il ne s'agissoit que de constater les faits, sans avoir égard à la liberté
des citoyens, mille moyens se présenteroient à l'esprit : mais imaginer des solemnités pour les contrats, les testamens, &c. qui généroient la liberté humaine le
moins qu'il est *possible*, & qui cependant fourniroient les preuves les plus éviden-
tes *possibles dans ce rapport*, de la réalité des actes, de la volonté des personnes
qui y sont nommées, de l'identité des personnes & des choses, de l'époque quand
les actes ont été dressés &c. ; ce seroit là le sublime de cette partie de la législation, un objet bien digne encore d'occuper des Jurisconsultes philosophes!
    Plus les solemnités que les loix requièrent, sont indépendantes de la volonté
& par conséquent de la méchanceté humaine, plus elles sont parfaites ; ainsi, des
descriptions exactes des lieux & des personnes ; des marques dans les actes ; des
figues qui préviennent la possibilité ou augmentent la difficulté de les falsifier ;
sont des moyens préférables aux simples témoignages, qui, par leur nature, engen-
drent de nouvelles questions de fait.
    Comme l'on pourroit prendre pour des questions de fait, des questions qui dérivent
de l'obscurité de l'expression, je déclare que je n'entends par questions de fait, que
celles qu'il est impossible de prévenir par la plus grande clarté possible de l'expression.
Par exemple, j'ai deux chevaux alezans, je légue l'un des deux à Pierre,

§. VI.

Mais il ne paroît pas que les loix puissent opérer avec là même facilité sur les Procès de la troisieme classe, qui paroît être cependant la plus nombreuse de toutes; car comment prescrire aux hommes, sans léser leur liberté, quels mots & quelles tournures ils doivent employer dans les conventions qu'ils font entre eux? & si l'on ne prend pas ce parti, comment espérer d'eux, qu'ils s'énonceront jamais avec la clarté nécessaire pour ne pas donner naissance à des doutes, des équivoques, & par conséquent à des Procès sans nombre? (f)

§. VII.

Pour que la chose fut possible, il faudroit commencer par imaginer des formules pour toutes les différentes manières possibles de contracter des engagemens, de transmettre ses droits & sa propriété

---

l'autre à Paul : je meurs, & il naît une dispute pour savoir lequel de ces deux chevaux appartient à Paul. Ce n'est pas là une question de fait, c'est une dispute qui naît de l'obscurité avec laquelle je me suis énoncé; je n'avois qu'à mieux désigner le cheval que je lui destinois. D'un autre côté je légue au fils d'un de mes amis une somme quelconque; j'exprime que je ne lui laisse cette somme que parce qu'il est fils de mon ami : on lui suscite des doutes sur sa naissance, est-il ou n'est-il pas fils de mon ami? c'est-là une question de fait.

Si au lieu d'exprimer que je ne lui laissois cette somme que par la raison qu'il étoit le fils de mon ami, j'avois dit simplement que je laissois cette somme au fils de mon ami, ce seroit en même tems une question de fait & une dispute de mots; car on ignoreroit si j'eusse voulu lui laisser également cette somme, supposé qu'il ne fut pas le fils de mon ami.

(f) Pour peu que l'on ait écrit soi-même, l'on doit s'être convaincu combien il est difficil d'être claire, & pour peu que l'on ait eu le malheur d'avoir à faire à des Avocats, l'on doit s'être apperçu que le grand nombre de ces Messieurs est bien plus habile dans l'art d'embrouiller, que dans celui d'éclaircir : cependant, le croiroit-on, un homme en place a dit qu'il ne voyoit pas à quoi les formules que je demande seroient bonnes, quand mêmes elles seroient possibles; qu'on savoit assez sa langue aujourd'hui pour s'en passer; que d'ailleurs les loix étoient si claires, à leur défaut, les principes du droit de nature si connus, les tribunaux de Justice si bien montés, &c. Heureux ces hommes qui ne se doutent de rien, ils doivent être bien contents d'eux-mêmes.

fous toutes les conditions possibles qui peuvent passer par l'esprit humain; des formules, qui fussent applicables à tous les cas; car s'il existoit de telles formules toutes les disputes sur les mots cesseroient; & comme je suppose qu'elles comprendroient tous les cas, toutes les conditions possibles, elles ne mettroient pas de bornes à notre liberté.

§. VIII.

Je m'explique : chaque idée peut être représentée de différentes manières, soit par des mots, soit par des signes; & ces mots & ces signes peuvent à leur tour être énoncés & combinés de différentes manières, dont les unes sont plus courtes & plus claires que les autres. Les formules que je demande, devroient représenter la manière la plus courte & la plus claire d'exprimer & d'énoncer, dans tous les cas imaginables, la volonté de celui ou de ceux qui contractent des engagemens.

§. IX.

Du premier coup-d'œil il semble que les formules que je desire, sont innombrables; mais si l'on réfléchit que non-seulement les différentes manières de transmettre sa propriété, mais aussi toutes les conditions auxquelles on peut s'engager envers un autre, peuvent être réduites à un nombre peut-être assez médiocre de classes, & que ces conditions une fois classifiées, pourront servir pour toutes les espèces possibles de *testamens*, de *contrats*, d'*écrits obligatoires*, l'on sentira que l'exécution de mon projet, quoique difficile, n'est rien moins qu'impossible; peut-être pas même aussi difficile qu'on pourroit le penser. (g)

(g) Il est claire, par-tout ce que j'ai dit, que le but de mon problème est uniquement de prévenir les Procès qui naissent de l'obscurité de l'expression; cependant si ce problème vient à être résolu, comme je conçois qu'il pourroit l'être, les formules que je demande préviendront non-seulement les Procès de cette classe, mais il sera facile de les arranger de manière, qu'elles préviennent en même tems beaucoup de questions de fait; & elles seront évidemment d'une grande utilité à la fabrique des loix elles-mêmes, en indiquant de quelle manière il faudroit énoncer les loix pour prévenir les disputes sur le droit.

Confidérons cette idée de plus près.

§. X.

Aucun contrat, aucun écrit obligatoire ne renferme plus de fix points : 1°. La fociété ou la perfonne qui cède fa propriété; 2°. la fociété ou celui envers qui l'on s'oblige; 3°. la chofe ou les chofes que l'on cède; 4°. le tems; 5°. les conditions auxquelles on s'engage; (h) 6. les raifons pourquoi l'on s'engage. Ces raifons peuvent même être omifes; car, où elles font néceffaires à la validité de l'acte, & alors elles doivent être regardées comme des conditions : ou bien elles n'altèrent point la validité de cet acte, & dans ce cas il eft inutile de les alléguer.

Je voudrois, que, felon la nature & le nombre de chacune de ces fix ou de ces cinq chofes, ou bien de toute autre manière que l'on jugera convenable, l'on claffifiât toutes les différentes manières poffibles de contracter des engagemens, & toutes les conditions poffibles, quelles qu'elles foient, auxquelles on peut transférer fes droits, fa propriété (dans le fens le plus étendu de ce terme), que l'on, en formât des genres & des efpèces, & qu'on imaginât pour chaque efpèce une formule, qui fût tellement applicable à tous les cas particuliers poffibles, que dans chaque cas il fut fuffifant pour l'exprimer parfaitement, de ne remplir le formulaire que de nombres ou de mots uniques & intelligibles à tout le monde, comme on applique une formule algébrique à tous les cas particuliers, en mettant des chiffres à la place des lettres.

§. XI.

L'obfcurité naît moins des mots que de leur arrangement; ainfi les formules doivent être faites de manière qu'il fuffife (pour défigner les cas particuliers), de remplir les efpaces vides de nombres & de noms propres de perfonnes & de chofes; on ne doit pas être obligé

(h) Le prix auquel on achète ou afferme une terre, n'eft autre chofe que la condition ou une des conditions auxquelles on en obtient foit la propriété, foit l'ufufruit.

d'y placer des phrafes entières, ni faire ufage dans les formules
de mots qui repréfentent des idées abftraites & indéterminées ; telles
que forêt, maifon, homme ; ou bien arpent ; toife, écu, dont la
valeur varie felon le païs & le tems dans lequel on écrit.

, Moins il faudra de mots pour chaque formule, plus on fe rap-
prochera du but ; peut-être fera-t-il poffible d'arranger les formules
de manière, que la *place* même où les noms feront écrits, indiquera
qui eft le teftateur, le débiteur, le vendeur, &c., & qui eft le léga-
taire, l'acheteur, le créancier, &c. Que ces formules foient faites
en forme de *tabelles*, (tables) ou de toute autre manière, c'eft égal,
pourvû qu'elles mènent au but prefcrit.

§. XII.

Ces formules une fois découvertes, chaque écrit obligatoire fera
compofé à l'avenir de deux fortes de mots. 1°. De mots *invariables*
qui en détermineront le genre & l'efpèce, & conftitueront par conféquent l'effence de chaque formule. C'eft à la place de ceux-ci,
que les inventeurs des formules pourroient employer, s'ils veulent,
d'autres fignes, pourvû que les formules ne deviennent pas par-là
tellement inintelligibles au vulgaire, qu'en diminuant d'un côté les
difputes fur les mots, on ne donne lieu de l'autre à des doutes fur
le fait, & ne fourniffe des moyens aux gens d'affaires de tromper
les ignorans ; quoiqu'il y aura toujours bien moins de difficultés à
imaginer des moyens, des folemnités, pour rendre plus rares les
difputes fur le fait, fans troubler notre liberté, qu'il n'y en a à
imaginer les formules que je propofe. 2°. Les écrits obligatoires
feront compofés de mots *variables* ; ce feront ceux dont on remplira
les efpaces vides des formules pour exprimer les cas particuliers.
Or, l'art de la claffification confiftera à renfermer tous les cas particuliers, tous les teftamens, toutes les fubftitutions, tous les contrats
poffibles, dans de telles *efpèces*, que les formules, qui repréfenteront
celles-ci, pourront s'appliquer à chaque cas particulier, du moment
qu'on remplira leurs efpaces vides de nombres & de noms propres
de perfonnes, & de chofes.

§. XIII.

Le grand point pour trouver ces formules, eft par conféquent
de bien claffifier toutes les différentes manières poffibles de s'engager,

& sur-tout toutes les conditions, auxquelles il peut passer par l'esprit humain de contracter des engagemens. Cette classification est arbitraire sous un point de vue, car différentes méthodes peuvent conduire également au même but : sous un autre point de vue elle ne l'est point, car parmi différentes manières possibles de classifier, celle qui renfermera tous les cas possibles dans un moindre nombre de formules, sera évidemment la meilleure ; de même que des formules plus claires, plus à la portée de tout le monde, seront censées préférables (toutes choses d'ailleurs égales) à des formules moins à la portée de tout le monde.

§. XIV.

Que de telles formules, si jamais elles venoient à être trouvées, seroient d'une grande utilité au genre humain ; c'est de quoi probablement personne ne doutera, excepté, peut-être, des Avocats & quelques Juges : car elles préviendroient beaucoup, peut-être la plûpart des Procès, & les remèdes préservatifs sont toujours les plus sûrs tant en phisique qu'en morale ; le traitement d'un mal actuel étant souvent, sur-tout en morale, pire que le mal même.

Mais que l'on doute de la possibilité de les trouver, quoique je n'en doute pas ; c'est de quoi je ne serai pas surpris. Autre chose est de douter si un effet est possible ; autre chose, de prononcer hardiment qu'il est impossible : l'un est dans le caractère du sage, qui est aussi lent à croire que circonspect à nier ; l'autre dans celui du sot, qui nie tout ce qui est au-delà de la petite sphère de ses idées.

§. XV.

Il y aura des personnes qui penseront, peut-être, que ces formules ne seront pas d'une grande utilité, aussi long-tems qu'elles ne seront pas adoptées par les loix ; personne en effet ne sera forcé de s'en servir ; mais pourvû qu'elles soient une fois découvertes, il me semble, qu'on s'en servira sans y être forcé ; de même qu'on fait usage de l'Algébre quoiqu'il n'existe pas, que je sache, d'édit qui y oblige les géométres ; pourvû qu'elles soient une fois découvertes, elles obtiendront tôt ou tard la sanction légale, dans tel ou tel païs, & c'est-là tout ce que je demande. Les faiseurs de projets sont

toujours

toujours preſſés d'exécuter ; ils paſſent rapidement de l'idée à l'action : l'homme ſenſé borne ſes vœux à faire des découvertes utiles lui-même, ou bien d'en tracer la route à d'autres. Convaincu, que rien n'eſt plus nuiſible dans un état que l'inſtabilité de la légiſlation, il ne deſire pas du tout que les Chefs des nations ſe preſſent d'exécu-ter mêmes ſes propres idées.

§. XVI.

D'ailleurs mon objet dans ce moment-ci eſt purement ſpéculatif : il n'eſt pas queſtion de s'occuper de l'application des formules, que je demande, à tel ou tel païs. Ces formules une fois trouvées, il ſera aiſé de les adapter aux formes & aux ſolemnités diverſes, que requierent les diverſes légiſlations, & de retrancher dans chaque païs celles, dont les loix de ces païs ne permettront pas de faire uſage ; car demandant, comme je fais, des formulaires pour tous les cas poſſibles, il eſt évident que les loix, qui ne ſont jamais que des limitations de notre liberté, ne ſauroient augmenter le nombre des formules que doit fournir la ſolution ; elles ne peuvent que limi-ter ce nombre ; d'où il s'enſuit, que la diverſité des loix & des coûtumes, ne ſauroit être un obſtacle à la ſolution du Problême.

PROBLÊME.

§. XVII.

„ Trouver pour toutes les eſpèces poſſibles d'écrits, par leſquels
„ on peut transférer à telles conditions qui peuvent paſſer par
„ l'eſprit humain, ſa propriété (que je prends dans le ſens le plus
„ étendu de ce terme), des formulaires conſtruits de manière, qu'il
„ ſuffiſe, pour exprimer chaque cas particulier poſſible, de remplir
„ les eſpaces vides du formulaire de nombres & de noms propres
„ de perſonnes ou de choſes : des formulaires, dont les expreſſions
„ tant variables qu'invariables (§. XII.) c'eſt-à-dire tout l'énoncé,
„ ſoient auſſi peu ſuſceptibles de doutes & d'interprétations que la
„ Géométrie.

B

§. XVIII.

» Le prix principal est de mille ducats impériaux, le second
» prix de cinq cents; toute la somme est déposée chez les freres
» Smitmer, Banquiers à Vienne en Autriche, qui répondent du
» payement.

§. XIX.

» Pour obtenir le premier prix, il ne suffit pas de s'approcher
» de la solution; il faut fournir une solution complette : ainsi celui
» qui veut le remporter, doit démontrer avec une évidence géomé-
» trique, que ses formules remplissent les conditions du Problême.

§. XX.

Ceux qui se sentiront disposés à entreprendre cet ouvrage, auront
à faire trois opérations distinctes l'une de l'autre : 1°. la classification
de toutes les conditions possibles auxquelles l'on peut transférer sa
propriété, (i) 2°. la construction des formules, 3°. la démonstration que le Problême est en effet résolu.

La premiere de ces opérations est la seule de la possibilité de laquelle on puisse douter; c'est la partie la plus métaphisique de
l'ouvrage, celle, qui suppose la plus grande masse d'idées : ce n'est
pas l'ouvrage d'un Jurisconsulte, c'est celui d'un profond Logicien;
car il n'est pas question de ce qui est, mais de ce qui se peut; il
s'agit de déterminer, à quoi se réduisent finalement toutes les conditions, qui peuvent passer par l'esprit de l'homme en transférant sa
propriété; il faut pouvoir le dire, il ne peut pas y en avoir au-delà,
la volonté de l'homme ne sauroit se développer de plus de manières
différentes, & il faut pouvoir le prouver. Il faut donc travailler à
priori, soit en considérant *ces conditions* en elles-mêmes, & les clas-
sifiant selon les rapports que l'on apperçevra entr'elles, soit en
analisant les signes, le langage que nous employons pour exprimer
nos volontés, & formant des classes, des genres, & des espèces d'après

---

(i) Je donne au mot *propriété* toujours le sens le plus étendu.

les rapports qui fe trouvent entre les différentes manières poffibles d'exprimer & de repréfenter ces *conditions.*

On ne peut claffifier des objets, que par les rapports qui exiftent entr'eux ; plus il y a de ces rapports, plus il y a de méthodes de claffifier : mais de quelque manière que l'on procède, il faut toujours avoir tous les objets que l'on claffifie préfens à fon efprit : il faut s'en faire un tableau ; & l'art de cette opération confiftera à faifir les rapports les plus propres pour fournir des claffes, des genres, & enfin des efpèces, qui puiffent être repréfentées par des formulaires applicables à tous les cas particuliers poffibles de la manière preferite (§. XVII.). Peut-être, pour réfoudre le Problême, faudra-t-il avoir recours à une double claffification ; peut-être, faudra-t-il d'abord en faire une felon certains rapports qui fe trouvent entre les conditions elles-mêmes, dans le genre de celle que j'indique dans la note ci-deffous (k), dont le but unique fera de repréfenter tous les cas poffibles, & de fe convaincre foi-même qu'il ne peut pas y en avoir davantage ; enfuite il fera peut-être néceffaire, pour la conftruction même des formules, d'imaginer une feconde manière de claffifier, felon les rapports qui fe trouvent entre les différentes manières de s'énoncer, c'eft-à-dire, d'exprimer & de repréfenter les *conditions* ; car il eft claire, que des conditions de nature toute

---

(k) CONDITIONES

quae a perfonis in inftrumento aliquo comparentibus

dependent			non dependent	
	quae		poffibiles	impoffibiles
Actionem	aut	Omiffionem		
	requirunt			
			pendentes	
præteritam futuram	præteritam futuram		a voluntate	a cafu
			tertii	

Ce n'eft là qu'un commencement de claffification, dont on peut faire, ou ne es faire ufage, comme l'on jugera à propos.

différente entr'elles, peuvent-être représentées & énoncées de la même manière, par les mêmes tournures de phrases. (1)

Les classes une fois établies, on apperçevra encore des rapports entre ces classes elles-mêmes, qui fourniront, peut-être, des méthodes d'abréviation, qui diminueront considérablement le nombre des formules.

Si la classification est possible, la seconde opération, qui est la construction des formules, l'est évidemment ; car, du moment que l'on connoît tous les cas, je ne sais pas pourquoi on ne pourroit pas les énoncer. La construction des formules ne consiste, que dans l'art d'énoncer de manière, chaque *espèce* de testament, de contrat, &c. que le formulaire soit applicable à tous les cas particuliers possibles (§. XVII.). Peut-être, sera-t-il utile aux inventeurs de commencer par construire les formules algébriquement ; à la rigueur il suffit même de ne les livrer que de cette manière ; mais dans le concours de plusieurs solutions, celle, qui (toutes choses d'ailleurs égales) fournira des formules en langage vulgaire, obtiendra la préférence.

Peut-être l'art de la construction des formules consistera-t-il à n'imaginer que des formules pour un certain nombre de cas simples, avec des régles à la portée de tout le monde, pour en former en les combinant, des formulaires pour tout les cas composés ; comme dix chiffres suffisent pour exprimer toutes les quantités possibles.

La démonstration, que le Problême est en effet résolu, ne sera pas difficile, dès que les deux premières opérations seront une fois bien faites ; cette démonstration aura deux parties : premièrement il s'agira de démontrer que la classification que l'on aura faite, est exacte ; c'est-à-dire, qu'il ne peut pas passer par l'esprit humain de condition qui ne se trouve prévue, exprimée dans le tableau que l'on aura fait de toutes les manières possibles de transférer sa propriété. Or, s'il est possible de détailler toutes les conditions que l'esprit humain peut imaginer, toutes les modifications possibles de

____

(1) Sans avoir recours aux exemples que fournit l'Algébre, que l'on considére l'immensité des êtres qui vivent & végétent dans la nature, & les classifications que fournit l'Histoire naturelle ; ou bien, que l'on se rappelle les Catégories d'Aristote, qui ne sont autre chose qu'une classification ; & l'on se convaincra qu'il ne faut pas désespérer de réussir dans cette entreprise.

notre volonté en transférant nos propriétés, il doit être aisé (cet exposé, ce tableau une fois fait) de démontrer rigoureusement qu'il est exact. Il en est de même de la seconde partie de la démonstration; elle confistera à démontrer que les formulaires qu'on aura imaginés, pour repréfenter chaque efpéce de tranflation de propriété, font en effet applicables à tous les cas particuliers poffibles, du moment qu'on remplit leurs efpaces vides de nombres, ou de noms propres de perfonnes ou de chofes, & que ces formulaires les expriment avec une évidence égale à celle du langage géométrique. (m)

§. XXI.

Pour pouvoir juger de cette feconde partie de la démonstration, il eft clair que tous les formulaires doivent être joints aux écrits qui concourront pour les prix. Il l'eft également qu'il ne fuffit pas non plus de ne préfenter aux Académies jugeantes que des formulaires, mais que les Auteurs doivent, pour pouvoir afpirer aux prix, y ajouter leurs claffifications, la démonftration & la méthode qu'ils auront fuivies. (n)

§. XXII.

,, S'il n'y a pas de folution complette, le premier prix ne fera ,, pas diftribué.

§. XXIII.

,, S'il n'y a qu'une feule folution complette, elle aura le prix ,, de mille ducats, & le fecond prix ne fera pas diftribué.

(m) Dans les éditions allemandes & latines, je termine ce § en difant qu'il faut démontrer que les formules expriment chaque cas de la manière la plus courte poffible. Or, cela n'eft point rigoureufement néceffaire à la folution du Problême. Plus les formules feront courtes, plus elles feront réputées parfaites (§. XXV.); mais du moment qu'elles font applicables à tous les cas particuliers poffibles, & qu'elles font d'une évidence géométrique (§. XVII.), quand même on pourroit imaginer une manière d'exprimer chaque cas encore plus courte, le Problême n'en fera pas moins réfolu.

(n) Il me femble que tout l'ouvrage, les formules à part, devroit pouvoir être renfermé en un petit nombre de pages.

§. XXIV.

» S'il paroît plufieurs folutions complettes, les deux prix leur
» feront adjugés de la manière fuivante.

» Sont-elles également parfaites (o) ou n'y a-t-il pas entr'elles
» une différence très-remarquable, les deux prix feront partagés
» entr'elles en portions égales.

» S'en trouve-t-il au contraire une ou plufieurs, qu'on juge beau-
» coup plus parfaites que les autres, (mais il faudroit que la diffé-
» rence entr'elles fut éminente, car on ne fera jamais plus de deux
» claffes de folutions) alors, quelque foit le nombre des folutions
» de chaque claffe, les 1500 ducats feront partagés de manière
» entr'elles toutes, que chaque folution de la claffe la plus émi-
» nente, obtiendra le double de la fomme qui échoira à chaque
» folution de la feconde claffe.

§. XXV.

Pour juger laquelle, entre plufieurs folutions, eft plus ou moins
parfaite, il s'agit d'examiner, 1°. Si les formules de l'une font plus
claires, plus courtes, plus à la portée de tout le monde que les
formules de l'autre? 2°. Si l'une renferme & exprime tous les cas
particuliers poffibles dans un moindre nombre de formules que l'autre? 3°. Si la méthode de l'une de ces folutions eft plus lumineufe,
plus féconde & par conféquent plus propre que celle de l'autre,
à jetter du jour fur les fciences en général? (p)

(o) Je dis *parfaites*, qu'on ne s'y méprenne pas, je ne dis pas *complettes*;
car les unes & les autres doivent être des folutions complettes.

(p) *A jetter du jour fur les fciences en général.* En ont-elles befoin diront
les pédans de collége & de tous les états? oui Meffieurs, quoique nous vivions,
felon vous, dans un fiécle de lumière, j'ofe avancer, que les fciences qui influent
le plus directement fur le bien-être du genre humain, font encore dans l'enfance,
& qu'elles y refteront tant qu'on ne parviendra pas à découvrir une méthode ana-
logue à l'Algébre, qui les élève au rang des fciences exactes, & par le moyen
de laquelle on pourra faire des découvertes dans ces fciences avec facilité, en
procédant, fi l'on peut parler de la forte, méchaniquement, comme l'on en fait
en Mathématique par le moyen de l'Algébre, auxquelles fans cette méthode on
ne parviendroit jamais, même avec les plus grands efforts de génie.
Tant que nous n'aurons pas une telle méthode, la vérité fe fera jour

§. XXXI.

Pour juger au contraire, lequel, entre différens ouvrages A. & B.
qui ne font pas des folutions, approche le plus près de la folution

difficilement à travers des fophifmes de l'intérêt perfonnel; & fi même dans un fiécle,
grace à quelques écrivains vertueux, dont l'éloquence entraîne la multitude, certaines vérités fe trouvent plus généralement répandues que dans d'autres tems; il
eft évident, que la plûpart des hommes ne tiennent à ces vérités, que par le même
principe par lequel leurs peres tenoient à l'erreur; & que le grand nombre même
de nos philofophes ne tarderoient pas de retomber dans la fuperftition & le fana-
tifme, fi des Rouffeaux & des Voltaires les leur prêchoient. Tant que nous n'aurons pas une telle méthode, il ne fera pas étonnant que l'on doute, fi l'efprit
philofophique n'eft pas plus fouvent nuifible, qu'utile dans les affaires; car les talens
qu'il faut avoir, les peines qu'il faut fe donner, pour faire des progrès dans une
fcience, font toujours en raifon inverfe du dégré de perfection, auquel cette
fcience, ou du moins la méthode qu'on employe pour l'acquérir, eft parvenue.
Dans les fciences qui ne font pas exactes, fur une route qui conduit à la vérité,
cent mènent à l'erreur; il y a donc à parier que le grand nombre de ceux qui s'y
appliquent, s'éloigne du but au lieu de s'en approcher, & fe trouve par conféquent
dans une fituation beaucoup pire que l'ignorant qui ne quitte pas fa place, & fuit
aveuglément le torrent des préjugés établis, préjugés, peut-être moins pernicieux
que ceux contre lefquels les demi-philofophes les voudroient échanger. Mais
une telle méthode eft-elle à efpérer? je n'oferois pas l'affirmer encore; cependant
fi le Problème dont il eft queftion dans ce programme, vient à être réfolu com-
plettement, j'oferois prédire alors qu'une telle méthode probablement fera trouvée
un jour.

Qu'on me permette d'ajouter ici quelques réfléxions fur ce fujet, qui font encore
loin d'être bien digérées; mais dont de plus habiles fauront peut-être tirer un
meilleur parti que celui que j'en tirerai moi-même, fi jamais je publie, comme je
me le propofe, un ouvrage fur cette matière. Ces réfléxions n'ont pas de rapport
direct avec le Problème dont il s'agit dans ce programme; mais elles peuvent con-
tribuer à l'éclaircir beaucoup.

La grande utilité de l'Algèbre ne réfide que dans la théorie des équations, qui,
confidérée méthaphifiquement, n'eft autre chofe qu'une méthode de repréfenter *les
operations de notre efprit, la marche qu'il fuit en comparant les quantités;* méthode
par le moyen de laquelle nous parvenons aux vérités que nous cherchons, fans
nous occuper des objets mêmes, mais uniquement en travaillant d'après des règles
fixes fur les fignes qui repréfentent ces objets, & par conféquent avec une attention d'efprit, dont prefque tout homme eft capable, tandis que fi il falloit avoir les
objets mêmes préfents à fa mémoire, il faudroit fouvent une tenfion d'efprit, des
forces, qui ne font pas même données aux plus habiles. Tout ce qui eft quantité
eft foumis à cette méthode, mais fon empire ne s'étend pas au-delà : il faudroit
confondre la forme avec le fond, pour croire qu'on iroit bien loin en repréfentant
à l'imitation de cette méthode, *des qualités* par des X & des Y ou des fignes

quelconques :

que je demande, il s'agit d'examiner, si les formules de l'ouvrage A.
s'étendent ou sont applicables à un plus grand nombre de cas, &
préviennent un plus grand nombre de disputes de mots, que les
formules de l'ouvrage B?

---

quelconques : l'art ne consiste pas à représenter les objets, mais à représenter la marche de l'esprit humain.

Il y a dans la nature de l'esprit différens moyens de rapprocher les objets pour les comparer : chaque homme qui cherche la vérité, employe les siens ; l'homme de génie est celui dont les moyens sont les plus faciles, les plus simples : ce sont ces moyens qu'il faudroit pouvoir représenter. Or, puisque l'on peut représenter la marche que suit l'esprit en comparant les quantités, pourquoi ne devroit-on pas pouvoir représenter la marche qu'il suit, 1°. en comparant les qualités, 2°. en réduisant les termes que nous employons à leur vraie valeur ? Pourquoi ne devroit-on pas pouvoir imaginer des moyens d'abréger cette marche ? Quiconque a un peu réfléchi, sent qu'un des grands obstacles, quand il s'agit de comparer des objets, c'est l'imperfection du langage ou plutôt l'abus qu'on en fait, & qu'en morale, & dans toutes les sciences qui en dépendent, les disputes seroient bien rares, pour ne pas dire nulles, si l'on suivoit dans la pratique cette maxime, que tout le monde fait si bien dans la Théorie, qu'il faut, quand on fait tant que de vouloir chercher la vérité, ou l'enseigner aux autres, avant tout, se bien comprendre soi-même ; c'est-à-dire, 1°. avoir une idée bien nette de tous les mots qui composent la proposition que l'on veut examiner, 2°. chercher à réduire cette proposition à sa plus claire & plus courte expression.

Or, pourquoi ne devroit-il pas être possible de trouver une méthode, ou plutôt des méthodes *artificielles*, *générales*, de réduire chaque proposition à sa plus courte & plus claire expression possible ?

Je dis des méthodes ; car pour réduire une proposition à sa meilleure expression, deux procédés peuvent être employés dont il ne faut négliger ni l'un ni l'autre pour parvenir à son but. Il y a une manière de réduire une proposition qui est purement matérielle, grammaticale, dépendante des signes : il faudroit donc une méthode *générale*, *artificielle*, (& ce seroit peut-être la moins difficile à trouver) pour réduire chaque proposition à sa meilleure expression matérielle. Il y a ensuite, ce me semble, une autre manière de réduire qui est intellectuelle, métaphisique, qui consiste à remplacer une proposition par une autre proposition qui signifie la même chose ; il faudroit encore une méthode *générale*, *artificielle* pour cette manière de réduire : c'est celle qui me paroît la plus difficile à trouver. Cette dernière seroit plutôt une méthode de réduire les idées elles-mêmes, que les propositions qui les expriment.

Des exemples de ces deux procédés alongeroient trop cette note qui est déja, peut-être trop longue ; je les réserve pour l'ouvrage que je me propose d'écrire.

J'ai fort peu lu en ma vie, ainsi il est possible que je regarde comme des idées neuves, des choses que d'autres ont dites avant moi ; le lecteur jugera, si cette note en contient qui peuvent être utiles, & les appréciera, dites ou non dites, en conséquence de ce jugement.

§. XXVII.

§. XXVII.

„ S'il ne paroît pas de solution du tout, mais qu'il y ait un
„ ouvrage qui soit regardé comme s'approchant de fort près de la
„ solution que je demande, & que l'on soit fort satisfait de la mé-
„ thode de son Auteur, on lui accordera le second prix selon les
„ régles, qui seront énoncées (§. XXXIX, XLIV. & XLV.);
„ & s'il y a plusieurs ouvrages de ce genre & de la même classe
„ (§. XLIII.) on partagera le second prix entr'eux en portions
„ égales.

§. XXVIII.

„ Outre les ouvrages qui obtiendront un prix, l'Auteur fera im-
„ primer tous ceux qu'il trouvera dignes d'attention.

§. XXIX.

Il a imaginé de faire juger les écrits, qui concourront pour les
prix, par trois Sociétés savantes qui sont nommées à la tête de ce
programme : 1°. pour inspirer d'autant plus de confiance aux Savans
des différens païs qui pourroient être tentés de travailler à cette solution : 2°. pour faire parvenir ce Problême à la connoissance d'un
plus grand nombre de personnes & augmenter par conséquent la
probabilité d'obtenir de bons ouvrages.

§. XXX.

Pour que les ouvrages, qui paroîtront pour les prix, soient accep-
tés, il faut que leurs Auteurs observent à la lettre les formes sui-
vantes : 1°. Il faut que ces écrits soient latins, 2°. l'Auteur de
chaque écrit doit en faire trois exemplaires & en faire parvenir un,
franc-de-port, à chacune des trois Académies jugeantes, au lieu de
les adresser aux Banquiers, qu'on avoit nommés dans les éditions
allemandes & latines de ce programme; c'est-à-dire, un de ces
exemplaires doit être envoyé franc-de-port à l'Académie des Sciences
de Paris; un autre franc-de-port à la Société Royale d'Edimbourg;
& comme l'Auteur du programme ne sait pas encore, par des raisons
qu'il seroit trop long de détailler, quelle sera l'Académie d'Allemagne qui concourra à ce jugement, le troisiéme exemplaire doit

C

être adreſſé de même franc-de-port aux Banquiers Smitmer à Vienne en Autriche. 3°. Ces ouvrages doivent être entre les mains de chacune des trois Académies jugeantes au plus tard le premier Juillet 1787. 4°. Les Auteurs doivent déſigner leurs ouvrages d'une deviſe quelconque, qui doit ſe trouver écrite à la tête de chacun des trois exemplaires qu'ils enverront aux Académies. 5°. Outre cette deviſe, qui ſervira à l'uſage que l'on va voir, il faut, que les Auteurs joignent à chacun des trois exemplaires de leur ouvrage, une autre deviſe cachettée, par le moyen de laquelle, ceux, à qui l'on adjugera des prix, pourront à la fin ſe faire connoître : cette deviſe doit être jointe en double à chacun des trois exemplaires, & chaque double doit être cachetté, pour que chaque Académie puiſſe envoyer un de ces doubles, ſans l'ouvrir, au diſtributeur des prix & garder l'autre pour elle.

§. XXXII. (q)

Chacune de ces trois Sociétés ſavantes jugera dans le même tems, & ſans correſpondre ſur ce ſujet avec les autres, tous les ouvrages qui concourront pour les prix.

§. XXXIII.

Trouve-t-elle qu'aucun de ces ouvrages ne peut être reputé une ſolution, ni une approximation, ſelon les régles preſcrites dans ce programme; dans ce cas, elle les garde tous & ſe borne à envoyer au diſtributeur des prix, c'eſt-à-dire à l'Auteur du programme, une des deux deviſes cachettées, qui doivent ſe trouver jointes à chaque ouvrage (§. XXXI. N°. 5.); & un Index chronologique de toutes les deviſes qui ſeront écrites à la tête de chaque ouvrage pour le déſigner (§. XXXI. N°. 4.). Cet Index doit être fait de la manière ſuivante ſelon la date des ouvrages.

(q) Le (§. XXXI.) des éditions allemande & latine a été omis de propos déliberé dans celle-ci, & pour ne point changer l'ordre des §. ſuivans, on a nommé celui-ci. (§. XXXII.)

Devises.		Dates.
X.	——— ——— ———	14. Sept. 1786.
Y.	——— ——— ———	3. Jan. 1787.
Z.	——— ——— ———	6. Juin. 1787.

§. XXXIV.

Juge-t-elle au contraire, qu'il se trouve parmi les ouvrages qui lui auront été présentés, ou des approximations, ou des solutions, ou, supposé qu'il y ait plusieurs solutions, juge-t-elle, qu'une ou plusieurs de ces solutions soient beaucoup plus parfaites que les autres, d'après les régles établies (§. XXIV. & XXV.) : alors, elle envoit à l'Auteur du programme, outre la devise cachettée, & l'*Index* chronologique des devises qui se trouvent à la tête de chaque ouvrage, les ouvrages mêmes, qu'elle regardera comme méritants des prix d'après les régles énoncées dans ce programme ; & au lieu de donner sur cela un avis motivé, elle se contentera d'écrire dans chaque ouvrage, qu'elle lui enverra, à côté de la devise qui doit s'y trouver, & de même dans l'*Index* des devises, de l'autre côté des dates, les mots *approximatio*, ou *solutio*, ou bien *solutio optima* selon le formulaire suivant.

Devises.		Dates.	
B.	——— ——— ———	14. Nov. 1785.	
C.	——— ——— ———	26. Juin. 1786.	
D.	——— ——— ———	30. Juin. 1786.	approximatio.
E.	——— ——— ———	20. Mai. 1787.	solutio.

§. XXXV.

Chacune des trois Académies aura la bonté de procéder de cette même manière & de retenir 1°. des copies des ouvrages qu'elle aura jugés dignes d'un prix, & qu'elle aura envoyés par cette raison à l'Auteur du programme, 2°. une copie, pour la faire imprimer (§. XLVI.), de l'*Index* chronologique des devises qu'elle lui aura envoyées, & 3°. la devise cachettée dont elle lui aura pareillement envoyé le double.

§. XXXVI.

L'Auteur du programme, ou celui qui le représentera au cas qu'il vint à mourir, se bornera, sans juger lui-même les écrits qui auront concourrus pour les prix, à tirer de ces trois *Index*, que les Académies lui auront envoyés, le réfultat de leur jugement félon les régles qui ont été établies (§. XIX. XXII. XXIII. XXIV.) & celles qui vont être énoncées (§. XXXVII. XLIV. & XLV.)

§. XXXVII.

» *Régle.* Comme le premier prix ne doit point être adjugé à un
» ouvrage à moins qu'il ne foit prouvé mathématiquement que
» cet ouvrage fournit une folution complette du Problème, il eft
» évident, que, pour remporter ce prix, un ouvrage doit être déclaré
» une folution complette par le fuffrage de chacune des trois Aca-
» démies ; car il ne peut pas y avoir différens avis fur une vérité
» Mathématique.

§. XXXVIII.

» *Régle.* Dans le concours de deux ou plufieurs folutions com-
» plettes, reconnues pour telles par les trois Académies, il faut,
» pour que l'une foit réputée plus parfaite que l'autre, qu'elle foit
» déclarée telle, au moins par le fuffrage de deux des Académies
» jugeantes.

§. XXXIX.

» *Régle.* Pour qu'un ouvrage foit cenfé une approximation, il
» faut qu'il ait pour lui, au moins, le jugement de deux des
» Académies.

§. XL.

Le même ouvrage pouvant être jugé différemment par chacune des trois Académies, d'où il réfulte différentes combinaifons poffibles de leurs fuffrages, je vais noter ici toutes les combinaifons dont il réfulte quelque chofe, & quel doit être, dans chaque cas, le réfultat des trois fuffrages. On verra par-là, que le procédé de l'Auteur ou de celui qui tirera à fa place le réfultat des trois jugemens combinés des Académies, fera un procédé purement méchanique & qu'il lui fera impoffible de s'écarter des régles, prefcrites, dans ce programme.

(21)

§. XLI.

Un petit f. repréfente le mot *folutio*, un petit o, *folutio optima*, un petit a, *approximatio*, un petit n. fignifie, qu'il ne fe trouve rien d'écrit dans un tel des trois Index à côté d'une telle *devife*; ce qui veut dire, que telle Académie regarde l'écrit relatif à cette devife comme n'étant ni une folution, ni une approximation. Trois de ces lettres repréfentent les trois fuffrages des Académies jugeantes; ces mêmes lettres écrites en plus grand caractère, le réfultat de leur jugement.

§. XLII.

D'après les régles preferites par les (§. XXXVII. & XXXVIII.), il ne peut y avoir que quatre combinaifons dont les réfultats adjugent le premier prix; les voici:

o. o. o., ou o. o. f. $=$ O; & o. f. f. ou f. f. f. $=$ S.

Du moment qu'il ne paroît aucun de ces cas, le premier prix ne fera pas diftribué; & du moment qu'il en paroît un feul, les approximations n'ont plus rien à prétendre : s'il ne paroît qu'un feul de ces cas, le fecond prix ne fe diftribue point (§. XIX. XXII. XXIII.). s'il en paroît plufieurs, les deux prix feront partagés de manière, que tous les cas des combinaifons dont la même lettre indique le même réfultat, obtiennent des portions égales; & au contraire, s'il concourt des combinaifons $=$ O, avec des combinaifons $=$ S, que chaque cas des premières obtienne le double de la fomme, qu'on donnera à chaque cas des dernières. (§. XXIV. XXXVII. XXXVIII.).

§. XLIII.

D'après la régle du (§. XXXIX.) les trois fuffrages donnent douze combinaifons, dont les réfultats font reconnoître pour des approximations, les écrits auxquels ils fe rapportent; je forme de ces combinaifons les trois colonnes fuivantes. (r)

(r) Quoique ces douze combinaifons foient poffibles, il eft évident, qu'elles ne font pas également probables, & qu'il y en a même qui ne font pas probables du tout.

Il vient de paroître à Paris un ouvrage de Mr. le Marquis de Condorcet fur l'application de l'Analyfe à la probabilité des décifions rendues à la pluralité des voix; que je trouve fi lumineux & fi utile, que je voudrois, qu'on s'empreffât de le traduire dans toutes les langues.

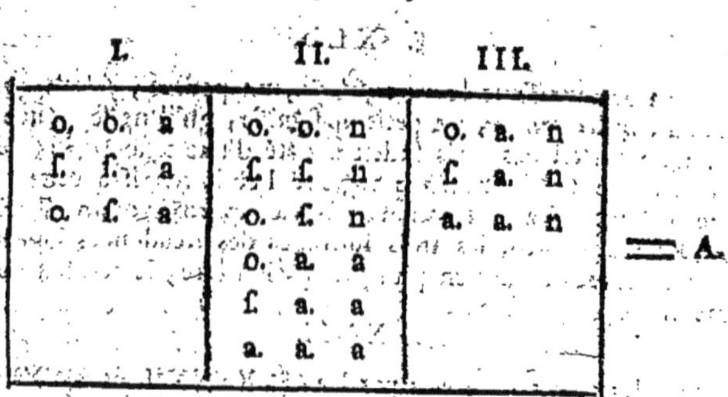

I.			II.			III.		
o,	o,	a	o.	o.	n	o.	a.	n
ſ.	ſ.	a	ſ.	ſ.	n	ſ.	a.	n
o.	ſ.	a	o.	ſ.	n	a.	a.	n
			o.	a.	a			
			ſ.	a.	a			
			a.	a.	a			

= A.

§. XLIV.

„ Les cas que contiennent ces colonnes ne peuvent aſpirer au
„ ſecond prix que s'il ne paroît pas de ſolution. Je donne pour regle
„ ultérieure, que la première colonne doit exclure la ſeconde, &
„ celle-ci la troiſiéme.

§. XLV.

„ Par conſéquent, le ſecond prix ne ſera accordé à un cas, ou
„ partagé entre pluſieurs cas de la ſeconde colonne, que, s'il ne
„ paroît aucune des combinaiſons indiquées dans la première co-
„ lonne : & pour que celles de la troiſiéme colonne puiſſent aſpirer
„ au ſecond prix, il faut qu'il ne paroiſſe aucune des combinai-
„ ſons renfermées dans les deux colonnes qui la précédent.

§. XLVI.

Pour que le Public ſoit d'autant plus ſûr que l'on procédera ſelon les régles preſcrites dans ce programme, les Académies feront
imprimer, chacune de ſon côté, les *Index* qu'elles auront envoyés à
l'Auteur du programme ; ainſi chacun pourra contrôler le procédé en
déduiſant lui-même, de ces trois *Index*, le réſultat des trois ſuffrages.

F I N.

9 782019 218829